Aminu Salisu Mu'azu
Shamsuddeen Umar
Mahamadi Dianda

Efeitos da inoculação de rizóbios no crescimento da soja

Aminu Salisu Mu'azu
Shamsuddeen Umar
Mahamadi Dianda

Efeitos da inoculação de rizóbios no crescimento da soja

ScienciaScripts

Cover image: www.ingimage.com

This book is a translation from the original published under ISBN 978-3-659-84756-1.

Publisher:
Sciencia Scripts
is a trademark of
Dodo Books Indian Ocean Ltd. and OmniScriptum S.R.L publishing group

120 High Road, East Finchley, London, N2 9ED, United Kingdom
Str. Armeneasca 28/1, office 1, Chisinau MD-2012, Republic of Moldova, Europe
Printed at: see last page
ISBN: 978-620-8-36251-5

ÍNDICE DE CONTEÚDOS

CONHECIMENTO

Reconheço e aprecio os esforços do meu supervisor, Dr. Shamsuddeen Umar, pela sua dedicação, devoção e paciência durante a realização deste trabalho de investigação. O meu sincero agradecimento vai também para o meu co-orientador, Dr. Muhamadi Dianda, pela sua coragem, orientação e apoio durante todo o trabalho de investigação. Gostaria de manifestar o meu apreço à Direção do Politécnico Federal Hussaini Adamu, Kazaure, por me ter dado a oportunidade de prosseguir os meus estudos. Que Alá continue a proteger e a elevar o Politécnico. Os meus agradecimentos à Direção do Instituto Internacional de Agricultura Tropical (IITA), estação de Kano, por me ter autorizado a realizar esta investigação no Instituto e também a Wajiha Abdullahi, do Laboratório de Fisiologia do IITA, pela sua contribuição durante todo o período da investigação. Também agradeço e registo a minha consideração pelos meus pais, que sempre me apoiaram moral e espiritualmente. Agradeço aos meus irmãos, especialmente Abdullahi, Kabiru, Sarki e Sani Salis, pelas suas orações e encorajamento durante todo o trabalho.

Capítulo 1

1.0 INTRODUÇÃO

As leguminosas são muito importantes não só do ponto de vista ecológico, mas também do ponto de vista agrícola, uma vez que são responsáveis pela maior transformação de azoto do N atmosférico$_2$ em amoníaco (Angelini *et al.*, 2003). Os rizóbios, amplamente utilizados em sistemas agrícolas, são representados por aproximadamente 40 espécies em sete géneros, incluindo: *Allorhizobium, Azorhizobium, Bradyrhizobium, Mesorhizobium, Rhizobium, Sinorhizobium* (Wei *et al.*, 2002) e uma espécie no género de *Methylobacterium* (Giraud *et al.*, 2001). Recentemente, foram também definidas espécies simbióticas fixadoras de azoto entre os géneros *Burkholderia* e *Cupriavidus* na subclasse beta de Proteobacteria (Moulin *et al.*, 2001). No entanto, a conceção da diversidade dos rizóbios está longe de ser clara, nomeadamente devido ao grande número de espécies de leguminosas e à sua vasta distribuição geográfica (Wei *et al.*, 2002). Uma vez que os rizóbios são taxonomicamente muito diversos, são necessários métodos eficazes de classificação das estirpes para identificar genótipos que apresentem, por exemplo, uma capacidade superior de fixação do azoto (Sikora *et al.*, 2002). Os recentes avanços na biologia molecular e na tecnologia genética estão a criar possibilidades interessantes para a identificação e caraterização rápidas e precisas de microrganismos, incluindo rizóbios (Schneider e De Burjin, 1996).

As leguminosas têm sido utilizadas na agricultura desde a antiguidade e as sementes de leguminosas ou leguminosas foram uma das primeiras fontes de alimentação humana e a sua domesticação. As leguminosas possuem uma capacidade única de estabelecer uma simbiose com bactérias fixadoras de azoto da família Rhizobiaceae. As bactérias pertencentes aos géneros *Rhizobium, Bradyrhizobium*, *Allorhizobium*, *Sinorhizobium* e *Mesorhizobium* (Martinez-Romero, 2003; Willems, 2006), que são coletivamente referidas como rizóbios, são capazes de formar nódulos nas suas plantas hospedeiras, dentro dos quais fixam o azoto. Esta relação simbiótica reduz as necessidades de fertilizantes azotados durante o crescimento das leguminosas e também enriquece o solo com azoto. As leguminosas são também de importância crucial para a alimentação animal. A alfafa e os trevos são cultivados em extensas áreas como culturas forrageiras para pastagem ou como feno seco, e fornecem não só proteínas de alta qualidade, mas também uma variedade de moléculas biologicamente activas, como vitaminas, minerais e outros nutrientes (Burris e Roberts, 1993).

Anualmente, há cerca de 120-160 milhões de toneladas de azoto atmosférico (N_2) fixado em formas de fertilizantes azotados, através do processo biológico natural de fixação do azoto a nível mundial (Gibson, 1995). Estima-se que esta quantidade de fertilizante é duas vezes superior à do processo de produção química no mundo. Na relação nodular entre os rizóbios e as leguminosas, a fixação do azoto é feita pelos rizóbios, através dos quais as árvores i são fornecidos com fontes de azoto para o seu crescimento e, por outro lado, as bactérias obterão carbono hidratado para a sua existência. Esta relação é essencial para o ciclo do azoto na natureza e para a manutenção do rendimento e da produtividade das culturas, bem como para a sustentabilidade do ecossistema (Balasundaran, 1996).

Em 1999, o consumo mundial de azoto fertilizante foi de 88 milhões de toneladas e, para além do consumo de fontes de energia não renováveis, a poluição ambiental causada pelo azoto fertilizante que escapa à zona radicular é elevada, porque em muitos casos os fertilizantes azotados não são utilizados eficientemente pelas culturas (Peoples *et al.,* 1994). Por conseguinte, a fixação biológica do azoto é uma componente importante e integrante de sistemas agrícolas sustentáveis. Além disso, a fixação biológica de azoto a partir de leguminosas oferece uma gestão mais flexível do que o azoto fertilizante, porque a reserva de azoto orgânico fica lentamente disponível para espécies não leguminosas (Peoples *et al.,* 1995). Concomitantemente com a fixação de N_2, a utilização de leguminosas em rotações permite o controlo de doenças e pragas das culturas. A inoculação de leguminosas com estirpes de rizóbios selecionadas para uma elevada capacidade de fixação de N_2 pode melhorar a fixação de azoto na agricultura, especialmente quando as estirpes de rizóbios locais estão ausentes dos solos ou são ineficazes. No entanto, as estirpes recentemente introduzidas não conseguem frequentemente competir com populações indígenas bem adaptadas. Foram envidados esforços substanciais para melhorar a nodulação, tentando compreender os factores que afectam as interações entre os rizóbios e a fauna do solo, entre macro e micro simbiontes, bem como entre estes componentes e o ambiente edáfico (Robson, 1990; Graham e Vance, 2000).

A formação de nódulos efectivos (funcionais) na soja *[Glycine max* (L.) *Merr]* quando inoculada com rizóbios compatíveis leva à fixação do azoto atmosférico (N2), tornando desnecessária a fertilização azotada da soja. A fixação simbiótica de N2 é um processo fisiológico complexo influenciado pela interação de elementos genéticos nas espécies de plantas superiores e rizóbios (Gwata *et al.*, 2003). A variação genética para a capacidade de fixação de N2 tem sido relatada envolvendo os componentes de soja e rizóbio da associação simbiótica (Hungria e Bohrer, 2000; Sanginga *et al.*, 2000; Sinclair *et al.*, 1991; Pulver *et al.*, 1982). Atualmente, não existe um método fiável, simples e não destrutivo para identificar a fixação de N2. Vários métodos, incluindo a redução de acetileno (Denison *et al.*, 1983) e o ensaio de ureídeos no xilema, que envolvem equipamento sofisticado e dispendioso, têm sido utilizados para determinar a fixação de N2. Foram descritos métodos para a determinação do peso seco dos rebentos, que tem uma relação positiva com a capacidade de fixação de N2.

1.1 JUSTIFICAÇÃO DO ESTUDO

Recentemente, tem-se registado um interesse crescente por práticas agrícolas sustentáveis e respeitadoras do ambiente e por sistemas de agricultura biológica. O aumento e o alargamento do papel dos biofertilizantes, como a Rhizobia, diminuiriam a necessidade de fertilizantes químicos e reduziriam os efeitos ambientais adversos. Assim, no desenvolvimento e aplicação de técnicas agrícolas sustentáveis, a biofertilização é de grande importância para atenuar os problemas de poluição natural e ambiental. A fixação biológica de N2 representa a principal fonte de entrada de N2 nos solos agrícolas. Os principais sistemas de fixação de N2 são os sistemas simbióticos, que podem desempenhar um papel significativo na melhoria da fertilidade e da produtividade de solos com baixo teor de N2. As simbioses *Rhizobium-Xegume* são as que têm merecido maior atenção e têm sido objeto de uma análise aprofundada.

O azoto é o nutriente mais frequentemente deficiente em muitos solos de todo o mundo, especialmente nos países menos industrializados, e é o nutriente mais frequentemente fornecido às plantas. O fornecimento de azoto através de fertilizantes inorgânicos tem graves consequências ambientais. A fixação do azoto por meios naturais reduz a utilização de fertilizantes artificiais. Isto não só poupa dinheiro como ajuda a evitar os muitos problemas causados pelo uso excessivo de fertilizantes comerciais de azoto e amoníaco, tais como a eutrofização de rios e lagos, a geração de chuvas ácidas e o crescimento excessivo de terras agrícolas por culturas não alimentares. É neste contexto que esta investigação foi concebida.

1.2 FINALIDADE E OBJECTIVOS

1.2.1 Objetivo

O objetivo desta pesquisa é determinar o efeito da inoculação de rizóbios no crescimento da soja *(Glycine max)* plantada em solos de diferentes localidades.

1.2.2 Objectivos

a. Determinar a resposta da soja à inoculação de rizóbios nos solos.

b. Determinar o efeito de alguns elementos minerais no crescimento da soja em diferentes solos.

c. Determinar as classes texturais dos solos.

d. Determinar o teor de matéria orgânica dos solos.

Capítulo 2

2.0 REVISÃO DA LITERATURA

2.1 *Rhizobium*

Os rizóbios provocam a formação de órgãos especializados, denominados nódulos, nas raízes ou nos caules dos seus hospedeiros, nos quais reduzem o azoto atmosférico e o disponibilizam à planta. A fixação simbiótica de azoto é uma fonte importante de azoto, e as várias culturas de leguminosas e espécies de pastagem fixam frequentemente 200 a 300 kg de azoto por hectare (Peoples *et al.,* 1995). A nível mundial, estima-se que a fixação simbiótica de azoto ascenda a pelo menos 70 milhões de toneladas métricas de azoto por ano (Brockwell *et al.,* 1995).

As bactérias do género *Rhizobium* (família Rhizobiaceae) são um grupo de microrganismos geneticamente diverso e fisiologicamente heterogéneo que, no entanto, são classificados em conjunto devido à sua capacidade de nodular grupos de plantas da família Leguminosae. Este esquema de classificação é geralmente referido como agrupamento de "inoculação cruzada". Um grupo de inoculação cruzada é um grupo de leguminosas em que uma espécie de *Rhizobium* nodula todas as leguminosas desse grupo. No sistema antigo, as espécies de *Rhizobium* dividem-se em dois grupos com base nas suas caraterísticas de crescimento (Somasogaran e Hoben, 1985).

Grupo I

Rhizobium leguminosarum - nodula ervilhas *(pisum spp),*
ervilhaca *(Vicia spp),* lentilhas *(Lens culinaris).*

Rhizobium phaseoli - nodula o feijão *(Phaseolus vulgaris* e o feijão-escarlate) *(Phaseolus coccineus).*

Rhizobium trifolii - nodula os trevos, por exemplo, *Trifolium subterraneum, T. semipilosum, T. repens* e outros *Trifolium spp.*

Rhizobium meliloti - nodula a luzerna (*Medicago sativa*) e outras *espécies de Medicago, Melilotus spp.*

Grupo II

Rhizobium lupini - nodula tremoços *(Lupinus spp.)* e serradelas *(Ornithopus spp.*).

Rhizobium japonicum - nodula a soja (*Glycine max*).

Rhizobium spp. - nodula membros do grupo de leguminosas "feijão-frade", por exemplo, *Vigna* spp., amendoim, *Desmodium* spp., *Macroptilium* spp., *Lablab* sp., feijão-lima, *Stylosanthes* spp.

No Grupo I encontram-se os produtores de ácido de crescimento rápido que desenvolvem uma turvação pronunciada em meios líquidos em 2-3 dias e têm um tempo médio de duplicação de 2-4 horas. As células são em forma de bastonete a pleomórficas, com 0,5 a 0,9 microns de diâmetro e 1,2 a 3,0 microns de comprimento, e são móveis por 2-6 flagelos peritríquios. Podem crescer numa vasta gama de hidratos de carbono, mas normalmente crescem melhor em glucose, manitol ou sacarose. Os rizóbios deste grupo são geralmente infecciosos em leguminosas de clima temperado. No grupo II encontram-se os rizóbios de crescimento lento e produtores de álcalis. Necessitam de 3-5 dias para produzir turvação moderada em meio líquido e têm um tempo médio de duplicação de 6-7 horas. A maioria das estirpes deste grupo cresce melhor com pentoses como fonte de carbono. As células têm predominantemente a forma de bastonete e são móveis através de um único flagelo polar ou subpolar. Este grupo nodula espécies de leguminosas tropicais (Somasogaran e Hoben, 1985).

Os rizóbios são carateristicamente Gram-negativos e não formam endosporos. A coloração irregular de Gram é frequentemente encontrada em rizóbios, dependendo da idade da cultura. As células de uma cultura jovem e os bacteróides dos nódulos apresentam geralmente uma coloração uniforme, enquanto as células mais velhas e as células mais longas apresentam áreas não coradas ao longo da célula, dando um aspeto de faixa. Estas áreas não coradas foram identificadas como sendo grandes grânulos de ácido polimérico-hidroxibutírico (PHBA). Estes grânulos são refracteis à microscopia de contraste de fase. Embora o sistema de grupos de inoculação cruzada dependente do hospedeiro para classificar os rizóbios tenha sido alvo de muitas críticas, por não se tratar de um sistema taxonómico, é o melhor sistema prático atualmente disponível. A classificação dos *rizóbios* está a tornar-se cada vez mais complexa devido a novas descobertas, por exemplo, sabe-se agora que algumas sementes de soja são noduladas por um grupo distinto de *rizóbios* produtores de ácido de crescimento rápido. Assim, foi formulado um novo sistema para classificar os rizóbios. Este novo sistema reconhece três géneros para as Rhizobiaceae. Neste novo sistema, o Género I e o Género II incluem os rizóbios, enquanto o Género III se refere às agrobactérias (Somasogaran e Hoben, 1985).

Todos os rizóbios produtores de ácidos de crescimento rápido são agora incluídos no novo género Rhizobium (género I) e todos os rizóbios produtores de álcalis de crescimento lento no novo género *Bradyrhizobium* (género II). Além disso, no âmbito deste sistema, *R. trifolii, R. phaseoli* e *R. leguminosarum* são combinados numa única espécie, designada *Rhizobium leguminosarum*, que inclui três biovares (*trifolii, phaseoli e viceae*). *R. meliloti* permanece como anteriormente e *R. loti* foi atribuído aos rizóbios de Lotus de crescimento rápido. Geneticamente relacionados com *R. loti* estão os rizóbios de *Lotus corniculatus, Lotus tenuis, Cicer arietinum, Leucaena leucocephala, Sophora microphylla*, etc.

Os *rizóbios* da soja pertencem atualmente a dois géneros, ou seja, *R. japonicum* (de crescimento rápido e produtor de ácido) e *Bradyrhizobium japonicum* (de crescimento lento e produtor de álcali).
produzindo). Os rizóbios de *Vigna, Arachis, Desmodium, Macroptilium, Stylosanthes*, etc. ainda não estão classificados, mas estão agrupados como *Bradyrhizobia spp.* A não leguminosa Parasponia (anteriormente chamada Trema) também é nodulada por *Bradyrhizobium spp.* Para além da Leucaena, cujos rizóbios são agora *R. loti*, existem outras leguminosas (Sesbania, Neptunia, Calliandra, Acacia) que são noduladas por rizóbios produtores de ácido de crescimento rápido e o estatuto taxonómico destes organismos poderá ser resolvido no futuro. Como quimioorganotróficos predominantemente aeróbicos, os rizóbios são relativamente fáceis de cultivar. Crescem bem na presença de oxigénio e utilizam hidratos de carbono e compostos aminados relativamente simples. Com exceção de algumas estirpes, não se verificou que fixem azoto fora da leguminosa hospedeira. Algumas estirpes de Rhizobium necessitam de vitaminas para o seu crescimento. O crescimento ótimo para a maioria das estirpes ocorre numa gama de temperaturas de 25-30° C, e a um pH de 6-7 (Somasogaran e Hoben, 1985). Apesar do seu metabolismo aeróbico habitual, muitas estirpes são capazes de crescer bem a tensões de oxigénio inferiores a 0,01 atmosfera (microaerofílicas).

Os rizóbios são, de certa forma, únicos entre os microrganismos do solo pela sua capacidade de formar simbioses fixadoras de azoto com leguminosas. No entanto, para usufruir dos benefícios desta parceria, os rizóbios devem não só apresentar competência saprofítica entre outros microrganismos do solo, mas também competir com outros rizóbios pelos sítios de infeção nas raízes das leguminosas. O potencial de versatilidade fisiológica é, portanto, uma caraterística importante que contribui para a sua adaptação ao ambiente competitivo e complexo do solo (Somasogaran e Hoben, 1985).

2.2 *Rhizobia* nativa

Quando *os rizóbios* vivem no solo, são designados saprófitas. Muitos solos contêm *rizóbios* que vivem na matéria orgânica do solo, sem parceiros leguminosos. Estes são designados *rizóbios* **nativos**, enquanto os que os agricultores adicionam como inoculantes são designados *rizóbios* **introduzidos**. A população de rizóbios nativos em qualquer solo pode ser muito diversificada, incluindo várias espécies e muitas estirpes distintas dentro de cada espécie. Os números podem variar de zero a mais de um milhão de rizóbios por grama (g) de solo. Vários factores afectam o número de rizóbios no solo. Estes incluem a vegetação, o historial de cultivo e as condições ambientais e do solo. (Singleton *et al.*,2014)

2.2.1 A importância dos *rizóbios* nativos

É importante ter em conta o número e os tipos de *rizóbios* nativos no solo, porque podem afetar os resultados da inoculação de sementes de leguminosas com *rizóbios* introduzidos. Lembre-se que as populações de rizóbios nativos são diversas, contendo estirpes eficazes e ineficazes. Estes *rizóbios* nativos podem afetar os resultados da inoculação de duas formas. Se já existem muitos *rizóbios* nativos no solo que podem nodular uma cultura de leguminosas e induzir a Fixação Biológica de Azoto (FBN), então a inoculação de sementes pode não produzir quaisquer benefícios adicionais. Por exemplo, se um agricultor cultivou amendoim durante alguns anos, pode haver muitos *rizóbios* nativos no solo que são eficazes no amendoim. A adição de mais *rizóbios* num inoculante pode não fazer qualquer diferença. Por outro lado, *os rizóbios* nativos podem competir com os rizóbios introduzidos para formar nódulos em plantas de leguminosas. Neste caso, os nódulos na leguminosa são formados pelos rizóbios nativos e não pelos rizóbios introduzidos no inoculante. Se os rizóbios nativos não forem tão eficazes na fixação de azoto como as estirpes introduzidas, então as plantas não obterão o máximo benefício da FBN (Singleton *et al.*, 2014).

2.2.2 História da vegetação e das culturas

Em muitos solos agrícolas, a presença de vegetação, quer se trate de leguminosas ou não de leguminosas, parece favorecer a existência de um grande número de *rizóbios*. Os rizóbios encontram-se em número especialmente elevado na região próxima das raízes das plantas, conhecida como **rizosfera**. Embora a vegetação não leguminosa possa estimular *os rizóbios* nativos, o maior número de *rizóbios* encontra-se geralmente em zonas com leguminosas selvagens ou cultivadas. A espécie específica de rizóbio nativo presente numa área depende da espécie de leguminosa que cresce no solo. Por exemplo, se um agricultor cultivar amendoim (groundnuts) num campo durante muitos anos, é de esperar encontrar um grande número de *rizóbios* nativos que podem formar uma simbiose com o amendoim. Quando uma nova cultura é introduzida numa área, pode levar algum tempo para formar a população de rizóbios no solo. Um estudo em Lampung e Sumatera Barat, na Indonésia, fornece um exemplo. Entre os campos onde a soja tinha crescido durante apenas um ano, nenhum tinha mais de 100 *rizóbios* de soja por grama de solo. Após dois ou mais anos de cultivo de soja, 30% dos campos testados ainda tinham menos de 100 *rizóbios* de soja por grama de solo. Quando os números de *rizóbios* nativos são tão baixos, os agricultores são aconselhados a aplicar inoculante de rizóbios para beneficiar plenamente da FBN (Singleton *et al.*, 2014).

2.2.3 Persistência de *rizóbios* introduzidos

Se os agricultores inocularem uma cultura de leguminosas, terão de inocular novamente na próxima vez que plantarem a mesma leguminosa? Por outras palavras, *os rizóbios* introduzidos persistirão ou continuarão a viver no solo até à cultura seguinte? Não necessariamente. Uma vez introduzidos no solo, os rizóbios serão afectados pelos mesmos factores que afectam *os rizóbios* nativos - *vegetação*, humidade do solo, pH e temperatura. Sem fazer uma análise completa do solo, é difícil prever se estão presentes estirpes inoculantes eficazes de culturas anteriores. É mais seguro inocular de novo. Mais uma vez, o estudo de Sumatera, na Indonésia, fornece um exemplo. Quando os agricultores inocularam as suas culturas de soja, mesmo durante vários anos, e depois não plantaram soja durante um ano, quase metade (47%) dos seus campos tinham menos de 100 *rizóbios* de soja por grama de solo. Quando as populações de rizóbios são tão baixas, os agricultores devem continuar a usar inoculante para obter o máximo benefício da FBN. Como os benefícios potenciais valem muito mais do que o preço do inoculante, os agricultores devem ser sempre incentivados a inocular suas leguminosas, mesmo que tenham inoculado culturas anteriores (Singleton *et al.*, 2014)

2.3 Biofertilizantes

Os biofertilizantes são definidos como preparações que contêm células vivas ou células latentes de estirpes eficientes de microrganismos que ajudam as plantas cultivadas a absorver nutrientes através das suas interações na rizosfera quando aplicadas através de sementes ou no solo. Aceleram certos processos microbianos no solo que aumentam o grau de disponibilidade de nutrientes numa forma facilmente assimilável pelas plantas. Os biofertilizantes são preparações à base de suportes que contêm estirpes eficazes de microrganismos fixadores de azoto ou solubilizadores de fosfato. Os biofertilizantes são geralmente formulados como inoculantes à base de suportes. Os materiais orgânicos de transporte são mais eficazes para a preparação de inoculantes bacterianos. Os inoculantes sólidos transportam um maior número de células bacterianas e permitem a sobrevivência das células durante períodos de tempo mais longos. Muitas vezes, os microrganismos não são tão eficientes em ambientes naturais como seria de esperar, pelo que as culturas artificialmente multiplicadas de microrganismos selecionados e eficientes desempenham um papel vital na aceleração dos processos microbianos no solo. A utilização de biofertilizantes é um dos componentes importantes da gestão integrada de nutrientes, uma vez que constituem uma fonte rentável e renovável de nutrientes para as plantas, complementando os fertilizantes químicos para uma agricultura sustentável (Mishra e Dadhich, 2010).

Nos sistemas de agricultura biológica, a fertilização química é frequentemente substituída (pelo menos parcialmente) pela biofertilização, utilizando diferentes bactérias fixadoras de N e solubilizadoras de P (Burris, 1976) e utilizando algumas rizobactérias promotoras do crescimento das plantas (Antoun *et al.*, 8

1998 e Ragab *et al.*, 2006). Os esforços para diminuir os fertilizantes químicos através da utilização de biofertilizantes podem reduzir os custos elevados e a poluição ambiental. Assim, a fixação biológica de N2 tem merecido grande atenção para cobrir as necessidades de N2 e melhorar a fertilidade do solo (Okon e Lanabdera, 1994).

2.4 Microrganismos utilizados como N_2 Biofertilizantes

2.4.1 *Rhizobium*

O rizóbio é uma bactéria do habitat do solo, capaz de colonizar as raízes das leguminosas e de fixar simbioticamente o azoto atmosférico. A morfologia e a fisiologia do *rizóbio* variam desde a condição de vida livre até ao bacteróide dos nódulos. São o biofertilizante mais eficiente no que diz respeito à quantidade de azoto fixado. Existem sete géneros e são altamente específicos para formar nódulos em leguminosas, referidos como grupo de inoculação cruzada. O inoculante *Rhizobium* foi fabricado pela primeira vez nos EUA e comercializado por uma empresa privada na década de 1930 (Mishra e Dadhich, 2010).

2.4.2 *Azotobacter*

Das várias espécies de *Azotobacter, A. chroococcum* é o habitante dominante em solos aráveis, capaz de fixar azoto (2-15 mg N_2 fixado g^{-1} de fonte de carbono) em meios de cultura. A bactéria produz lodo abundante que ajuda na agregação do solo. O número de *A. chroococcum* nos solos indianos raramente excede 105 g^{-1} solos devido à falta de matéria orgânica e à presença de microrganismos antagonistas no solo (Mishra e Dadhich, 2010).

2.4.3 *Azospirillum*

Azospirillum lipoferum e *A. brasilense (Spirillum lipoferum* na literatura anterior) são habitantes primários do solo, da rizosfera e dos espaços intercelulares do córtex radicular de plantas gramináceas. Mantêm uma relação simbiótica associativa com as plantas gramíneas. As bactérias do género *Azospirillum* são organismos fixadores de azoto isolados da raiz e das partes acima do solo de uma variedade de plantas cultivadas. São gram-negativas, *Vibrio* ou *Spirillum*, com uma acumulação abundante de polibeta-hidroxibutirato

(70%) no citoplasma. Até à data, foram descritas cinco espécies de *Azospirillum: A. brasilense, A. lipoferum, A. amazonense, A. halopraeferens* e *A. irakense*. O organismo prolifera tanto em condições anaeróbias como aeróbias, mas é preferencialmente microaerófilo na presença ou ausência de azoto combinado no meio. Para além da fixação de azoto, a produção de substâncias promotoras de crescimento, a resistência a doenças e a tolerância à seca são alguns dos benefícios adicionais decorrentes da inoculação de *Azospirillum* (Mishra e Dadhich, 2010).

2.5 Soja

A soja (EUA) ou feijão de soja (Reino Unido) é uma espécie de leguminosa originária da Ásia Oriental, amplamente cultivada pelo seu grão comestível que tem inúmeras utilizações. A planta é classificada como uma semente oleaginosa e não como uma leguminosa pela Organização das Nações Unidas para a Alimentação e a Agricultura (FAO). A farinha de soja sem gordura (desengordurada) é uma fonte significativa e barata de proteínas para rações animais e muitas refeições pré-embaladas; o óleo vegetal de soja é outro produto da transformação da cultura de soja. Por exemplo, os produtos de soja, como a proteína vegetal texturizada (TVP), são ingredientes em muitos análogos de carne e laticínios Os grãos de soja produzem significativamente mais proteína por acre do que a maioria dos outros usos da terra (Wikipedia, 2014).

A soja *[Glycine max* (L.) Merrill] é uma leguminosa anual que pertence à família das leguminosas *Fabaceae*. É uma leguminosa estritamente auto-polinizadora com 2n = 40 cromossomas. Com 40% de proteínas, 20% de óleo e 30% de hidratos de carbono, a soja desempenha um papel muito importante na agricultura mundial. A procura mundial de soja tem sido capaz de absorver uma produção cada vez maior a preços rentáveis para os produtores. Desde 1970, o consumo mundial de soja tem crescido a uma taxa anual média de 4,8% e, desde os anos 90, registou um aumento anual médio de 5,4% (Flaskerud, 2003). A maior parte do abastecimento mundial de óleo alimentar provém da soja e é provável que esta tendência se mantenha no futuro. A soja é também a principal fonte de componentes alimentares ricos em proteínas para as explorações de gado, aves de capoeira, suínos e peixes.

A soja está a emergir como uma importante ração, alimento e matéria-prima para a produção de produtos proteicos de alta qualidade em África. Nos últimos cinco anos, a área de soja tem aumentado a uma média de 5% por ano, enquanto a produção total tem aumentado a uma taxa de 7% por ano em África. Este aumento não tem sido suficiente para satisfazer a procura de soja no continente. Por conseguinte, é necessário o desenvolvimento de variedades de soja adaptadas e de elevado rendimento. O Instituto Internacional de Agricultura Tropical (IITA) tem liderado este esforço nas últimas décadas, através do desenvolvimento de variedades promíscuas e da promoção da transformação e utilização da soja no continente. Um total de 21 variedades de soja tropical promíscua criadas pelo IITA foram lançadas em diferentes países de África. Estas variedades são facilmente cultivadas pelos agricultores sem necessidade de inoculantes específicos ou de fertilizantes azotados, sendo, portanto, uma tecnologia adequada para os pequenos agricultores.

A soja *(Glycine max)* é uma das culturas oleaginosas mais importantes do mundo, responsável por 30% do óleo vegetal processado no mundo e também tem sido utilizada como fonte de biodiesel (Graham e Vance, 2003).

O crescimento das leguminosas e as taxas de fixação de azoto (N) podem ser acentuadamente aumentados por estirpes de *Rhizobium* altamente eficientes, competitivas e persistentes (Amanuel *et al.,* 2000) e pelo fornecimento de quantidades adequadas de nutrientes como o fósforo e o enxofre (Olivera *et al.,* 2004; Scherer *et al.,* 2008). O enxofre é um dos 16 elementos essenciais para o crescimento das plantas e é um componente dos aminoácidos (cisteína e metionina) necessários para a síntese de proteínas (Jan *et al.,* 2002). O enxofre é também uma parte vital da ferredoxina, uma proteína de ferro-enxofre que ocorre nos cloroplastos. A ferredoxina tem um papel significativo na redução do dióxido de azoto e do sulfato, na assimilação de N2 pelas bactérias dos nódulos radiculares e pelas bactérias do solo fixadoras de N_2 de vida livre (Scherer *et al.,* 2008). A remoção média de S para produzir 1 tonelada de grão alimentar é estimada em 3-4 kg por cereais (trigo e arroz), 5-8 kg por sorgo e painço, 8 kg por leguminosas e legumes e 12 kg por sementes oleaginosas (Kanwar e Mudahar, 1985).

2.5.1 Importância da soja na economia global

A soja é uma das principais culturas industriais e alimentares cultivadas em todos os continentes. A cultura pode ser cultivada com sucesso em muitos estados da Nigéria utilizando poucos factores de produção agrícola. A cultura da soja na Nigéria expandiu-se em resultado da sua importância nutritiva e económica e da sua utilização doméstica diversificada. É também uma das principais fontes de óleo vegetal no mercado internacional. A soja tem um teor médio de proteínas de 40% e é mais rica em proteínas do que qualquer uma das fontes alimentares vegetais ou animais comuns encontradas na Nigéria. As sementes de soja também contêm cerca de 20% de óleo numa base de matéria seca, sendo este 85% insaturado e sem colesterol. O rápido crescimento do sector avícola nos últimos cinco anos também aumentou a procura de farinha de soja na Nigéria. Acredita-se que a produção de soja aumentará à medida que mais agricultores se consciencializarem do potencial da cultura, não só para fins monetários/alimentares, mas também para melhorar a fertilidade do solo e controlar *a Striga*. O mercado da soja na Nigéria está a crescer muito rapidamente, com oportunidades para melhorar o rendimento dos agricultores. Atualmente, as empresas SALMA Oil Mills, em Kano, Grand Cereals, em Jos, ECWA Feeds, em Jos, AFCOT Oil Seed Processors, em Ngurore, no Estado de Adamawa, e PS Mandrides, em Kano, processam soja. O IITA, juntamente com parceiros, desenvolveu tecnologias melhoradas para a produção de soja (Dugje *et al.,* 2009).

2.5.2 Condições necessárias para a produção de soja

O crescimento da soja é influenciado pelo clima e pelas caraterísticas do solo. A soja tem um bom desempenho nas savanas do sul e do norte da Guiné, na Nigéria, onde a precipitação é superior a 700 mm. No entanto, as variedades de curta duração podem prosperar na savana do Sudão, muito mais seca, quando semeadas cedo e com uma distribuição uniforme da precipitação ao longo do período de crescimento. O momento de semear a soja depende da temperatura e da duração do dia. A soja é uma planta de dias curtos e floresce em resposta ao encurtamento dos dias. Pode ser cultivada numa grande variedade de solos com pH entre 4,5 e 8,5. A soja não deve ser plantada em solos arenosos, com cascalho ou pouco profundos para evitar o stress da seca. Não deve ser cultivada em solos encharcados ou com superfícies que possam formar crosta, pois isso levará a uma má emergência das plântulas (Dugje *et al.,* 2009).

2.5.3 Melhoria da fertilidade do solo

A soja melhora a fertilidade do solo e fixa o azoto no solo para o milho seguinte. Quando cultivada em rotação com o milho, serve como cultura secundária no controlo da *Striga hermonthica,* uma erva daninha parasita que ataca o milho, ao provocar a germinação suicida da *Striga* (Dugje *et al.*, 2009).

2.6 Deficiência de azoto

Todas as plantas necessitam de quantidades suficientes de macronutrientes para um crescimento saudável, e o azoto (N_2) é um nutriente que normalmente se encontra em quantidade limitada. A deficiência de azoto nas plantas pode ocorrer quando se adiciona ao solo matéria orgânica com elevado teor de carbono, como a serradura. Os organismos do solo utilizam o azoto para decompor as fontes de carbono, tornando o N_2 indisponível para as plantas. Isto é conhecido como "roubar" o azoto do solo. Todos os vegetais, com exceção das leguminosas fixadoras de azoto, são propensos a esta doença. A deficiência de azoto pode ser evitada a curto prazo através da utilização da relva cortada como cobertura vegetal ou da alimentação foliar com estrume e, a longo prazo, através do aumento dos níveis de matéria orgânica no solo. A sementeira de culturas de adubos verdes, como o centeio de pastagem, para cobrir o solo durante o inverno, ajudará a evitar a lixiviação do azoto, enquanto os adubos verdes leguminosos, como o joio de inverno, fixarão o azoto adicional da atmosfera (Wikipedia, 2014).

2.6.1 Deteção de deficiência de azoto

Os sintomas visuais da deficiência de azoto significam que pode ser relativamente fácil de detetar em algumas espécies de plantas. Os sintomas incluem um fraco crescimento das plantas e folhas que são verde-pálidas ou amarelas porque não conseguem produzir clorofila suficiente. Diz-se que as folhas neste estado são cloróticas. As folhas inferiores (folhas mais velhas) são as primeiras a apresentar sintomas, uma vez que a planta desloca o azoto dos tecidos mais velhos para os tecidos mais jovens, mais importantes. No entanto, há relatos de plantas que apresentam sintomas de deficiência de azoto em diferentes partes. No entanto, estes sintomas físicos podem também ser causados por numerosos outros stresses, tais como deficiências de outros nutrientes, toxicidade, lesões provocadas por herbicidas, doenças, danos provocados por insectos ou condições ambientais. Por conseguinte, a deficiência de azoto é detectada de forma mais fiável através da realização de testes quantitativos, para além da avaliação dos sintomas visuais das plantas. Estes testes incluem testes de solo e testes de tecido vegetal. Os ensaios de tecidos vegetais recolhem amostras destrutivas da planta em causa. No entanto, a deficiência de azoto também pode ser detectada de forma não destrutiva através da medição do teor de clorofila. Os testes do teor de clorofila funcionam porque o teor de azoto nas folhas e a concentração de clorofila estão intimamente ligados, o que seria de esperar, uma vez que a maior parte do azoto das folhas está contida nas moléculas de clorofila. O teor de clorofila pode ser detectado com um medidor de teor de clorofila; um instrumento portátil que mede o verde das folhas para estimar a sua concentração relativa de clorofila (Wikipedia, 2014).

2.7 Fixação do azoto

Muitas leguminosas (alfafa, trevo, ervilhas, feijões, lentilhas, soja, amendoins e outras) contêm bactérias simbióticas chamadas *Rhizobia* nos nódulos dos seus sistemas radiculares. Estas bactérias têm a capacidade especial de fixar o azoto do azoto atmosférico, molecular (N_2), em amoníaco:

$N_2 + 8\ H^+ + 8\ e^-\quad 2\ NH3 + H_2$

O amoníaco é depois convertido numa outra forma, o amónio (NH_4^+), utilizável por (algumas) plantas através da seguinte reação:

$NH3 + H^+\ NH4+$

Esta disposição significa que os nódulos radiculares são fontes de azoto para as leguminosas, tornando-as relativamente ricas em proteínas vegetais (Wekipedia, 2014).

Capítulo 3

3.0 MATERIAIS E MÉTODOS

3.1 Recolha de amostras de solo

As amostras de solo foram recolhidas em terrenos agrícolas onde foram previamente plantadas leguminosas. Foram utilizados 20 solos para a investigação; os solos foram recolhidos em sete áreas governamentais locais, quatro no Estado de Kano e três no Estado de Kaduna. Os solos são Garko I, II e III, Bichi I, II e III, Gaya I, II e III, Albasu I, II e III, Giwa I, II e III, Soba I, II e III, e Z/kataf I e II. Os GPS dos sítios foram também tomados e registados.

3.1.1 Coordenadas geográficas dos Estados de Kano e Kaduna

Coordenadas geográficas de Kano.
Latitude: 12°00'00" N
Longitude: 8°31'00" E
Elevação acima do nível do mar: 484 m = 1587 pés

Coordenadas de Kano em graus decimais
Latitude: 12.0001200
Longitude: 8.5167200

Coordenadas de Kano em graus e minutos decimais
Latitude: 12°0,0072' N
Longitude: 8°31.0032' E

Coordenadas geográficas de Kaduna.
Latitude: 10°3Γ20" N
Longitude: 7°26'17" E
Elevação acima do nível do mar: 616 m = 2020 ft

Coordenadas de Kaduna em graus decimais
Latitude: 10.5222400
Longitude: 7.4382800

Coordenadas de Kaduna em graus e minutos decimais
Latitude: 10°31.3344' N
Longitude: 7°26.2968' E

3.2 Preparação das amostras

Foram recolhidas subamostras das amostras globais de solo e secas ao ar no laboratório durante vários dias. As subamostras foram suavemente esmagadas com um pilão e almofariz de porcelana e passadas por uma peneira de 2 mm para remover detritos e fragmentos grosseiros. As separações de terra fina (<2mm de porção de solo) foram etiquetadas e armazenadas em sacos de polietileno para análises laboratoriais. A pesagem das amostras de solo para análises laboratoriais foi feita com uma balança eléctrica.

3.2.1 Análises físico-químicas das amostras de solo

As amostras de solo foram enviadas para o Instituto Internacional de Agricultura Tropical (IITA) Ibadan, para a determinação do pH, do carbono orgânico, do azoto total, do fósforo disponível, da distribuição do tamanho das partículas e das bases permutáveis, de acordo com procedimentos normalizados.

3.3 Preparação das sementes de leguminosas

As sementes de leguminosas (TGX 1448- 2E) foram selecionadas e enxaguadas em etanol a 95% durante 10 segundos para remover o material de cera e o ar retido. Depois disso, as sementes foram mergulhadas numa solução de hipoclorito de sódio a 1% durante 4 minutos; seguiu-se uma lavagem com água esterilizada cinco vezes para remover o desinfetante residual (Somasogran e Hoben, 1994).

3.3.1 Desenvolvimento de mudas

O ágar foi preparado dissolvendo 14g de meio desidratado em 1litro de água, seguido de esterilização. As sementes preparadas, obtidas no ponto 3.3, foram então plantadas no ágar e deixadas a germinar durante 3-5 dias. As plântulas com bom desenvolvimento radicular e sem contaminação foram selecionadas e transplantadas a 2 cm de profundidade para um vaso experimental contendo a amostra de solo obtida no ponto 3.1. A instalação foi então regada diariamente durante um período de dois meses (8 semanas), após o qual as plântulas foram colhidas para recuperação dos nódulos (Somasegaran e Hoben, 1985).

3.4 Determinação dos efeitos da inoculação de rizóbios no crescimento de sementes de soja.

3.4.1 Esterilização de panelas

Quatrocentos e cinquenta vasos foram lavados com água e detergente. Os vasos foram secos ao ar e depois esterilizados num esterilizador a vapor de pressão vertical (LS-B120L) a 121^0 C durante 15 minutos.

3.4.2 Preparação dos Inoculantes

A rizobina (Legume fix) é um inoculante produzido pela Legumes Technology, Reino Unido.

Cem gramas (100g) dos inoculantes de leguminosas fixas (rizobina) foram dissolvidos em 400ml de solução fisiológica estéril e depois misturados com um agitador magnético durante vinte (20) minutos, até que as leguminosas fixas (rizobina) se dissolvessem.

3.4.3 Preparação da solução de KNO3

Uma solução 1M de KNO3 foi preparada no laboratório, adicionando 101g de nitrato de potássio em 800ml de água destilada esterilizada; o conteúdo foi então misturado até o pó se dissolver. Em seguida, foram adicionados 200 ml de água destilada para perfazer 1 litro.

3.4.4 A determinação dos efeitos da inoculação

A determinação dos efeitos da inoculação foi efectuada na casa de triagem da estação IITA de Kano. Quatrocentos (400) vasos esterilizados foram enchidos com solos crus de vinte locais diferentes acima mencionados, os vasos foram agrupados em vinte, e cada grupo foi enchido apenas com um tipo de solo. Foram selecionadas plântulas de soja com bom desenvolvimento radicular germinadas no laboratório e transplantadas uma plântula para cada um dos vasos preparados. A instalação foi regada diariamente e, após sete dias de transplante, quinze vasos de cada vinte vasos foram selecionados e agrupados em cinco vasos cada. Os primeiros cinco vasos foram rotulados como mais Inoculantes (+I), os segundos cinco como mais Azoto (+N) e os últimos como controlo (C). O primeiro e o segundo foram inoculados com 1ml de inoculantes fixadores de leguminosas e azoto da reserva de KNO3, respetivamente.

3.4.5 Determinação do teor de clorofila

O medidor de clorofila SPAD 502 plus mede instantaneamente o teor de clorofila ou o "verde" das plantas para reduzir o risco de deficiências que limitam o rendimento ou de fertilização excessiva dispendiosa. O SPAD 502 Plus quantifica mudanças subtis ou tendências na planta 16

muito antes de serem visíveis ao olho humano. A investigação mostra uma forte correlação entre as medições SPAD e o teor de N nas folhas. O teor de clorofila de cada planta foi medido às 4th e 8th semanas, utilizando o medidor de clorofila SPAD 502 plus. Foi medido o teor de clorofila das duas folhas mais altas de cada planta e em cada folha foram efectuadas três leituras do folheto um, dois e três. Para o efeito, o medidor foi fixado sobre o tecido foliar da planta (soja) e a leitura do teor de clorofila foi efectuada em menos de 2 segundos. As leituras foram então registadas no livro de registo.

3.4.6 Medição da altura da planta

A altura de cada planta de soja às 2nd , 4th e 8th semanas foi medida e registada com uma régua. A instalação foi irrigada diariamente durante um período de dois meses, após o qual os nódulos foram recuperados.

3.4.7 Recuperação de nódulos

As plantas foram transportadas para o terreno de lavagem da estação IITA de Kano. O solo do material radicular foi cuidadosamente removido sem destacar as raízes secundárias da planta, uma vez que os nódulos podem ser encontrados tanto nas raízes laterais como na raiz axial. Em seguida, as raízes foram lavadas com um jato suave de água da torneira, com uma peneira de 1 mm por baixo, a fim de apanhar os nódulos que se podem destacar das raízes. O número de nódulos foi recolhido e registado e depois preservado para investigação posterior. Os rebentos e as raízes das plantas foram secos em estufa; os pesos secos dos rebentos e das raízes de todas as plantas foram tomados e registados (Bala, *et al,*

2010).

3.5 Análise estatística

Os dados foram submetidos à análise de variância utilizando o Statistical Analysis Software (SAS) versão 9.3 em modelo linear geral. As médias foram separadas por Waller.

Capítulo 4

4.0 RESULTADOS

Os resultados dos parâmetros físico-químicos dos solos de vários locais de amostragem revelaram que o pH se situa entre 5,00 em Z/kataf e 6,03 em Albasu. A percentagem de carbono orgânico varia entre 0,30 em Garko e 0,69 em Giwa e Soba. A percentagem de azoto situou-se entre 2,41 em Albasu e 2,98 em Giwa e Soba. As classes texturais dos solos mostraram que o solo amostrado em Albasu, Bichi, Garko e Gaya era franco-arenoso e os amostrados em Giwa e Soba eram franco-argilosos e o de Z/kataf era franco-argilo-arenoso (Quadro 1).

O resultado da análise do solo mostrou que os catiões permutáveis médios dos solos são: Ca entre 1,27 em Bichi e 1,92 em Albasu, Mg entre 0,28 em Bichi e 0,34 em Albasu e Giwa. K, entre 0,19 em Albasu e Giwa e 0,27 em Z/kataf. Na, entre 0,17 em Gaya e 0,18 em Albasu, Bichi, Garko, Giwa, Soba e Z/kataf. A capacidade efectiva de troca de catiões variou entre 1,95 em Bichi e 2,63 em Albasu e Giwa (Quadro 2).

O resultado do número médio de nódulos por solo mostrou que nos solos inoculados com rizobina o número de nódulos variou entre 3,42 em Albasu e 16,00 em Z/kataf. No solo inoculado com azoto, entre 0,33 em Bichi e 5,48 em Soba e no solo de controlo entre 0,00 em Gaya e 4,25 em Giwa (Quadro 3).

Tabela 1: Carbono orgânico médio, teor de azoto, pH, Olsen P, dimensões das partículas e classes texturais dos solos amostrados.

Localização do solo	pH (H2O) 1:1	%OC	%N	OlsenP (ppm)	Partícula % Areia	Tamanho %Silt	%Argila	Classe textural do solo
Albasu	5.97±0.65	0.31±0.06	0.05±0.00	2.41±0.15	72.53±5.77	14.00±3.46	13.47±2.31	Argila arenosa
Bichi	5.83±0.75	0.37±0.07	0.06±0.01	2.87±0.64	72.53±3.06	12.67±2.31	14.80±2.00	Franco-arenoso
Garko	5.77±0.21	0.30±0.16	0.06±0.01	2.91±1.22	76.53±4.62	10.67±3.05	12.80±2.00	Argila arenosa
Gaya	6.03±0.80	0.44±0.14	0.07±0.01	3.48±0.63	76.53±2.31	10.00±.000	13.47±2.30	Argila arenosa
Giwa	5.40±0.17	0.69±0.22	0.08±0.02	2.98±0.82	42.53±7.57	29.20±2.00	28.27±6.11	Barro argiloso
Soba	5.40±0.29	0.69±0.37	0.08±0.03	2.98±0.53	42.53±3.06	29.20±3.46	28.27±2.31	Barro argiloso
Z/kataf	5.00±0.23	0.65±0.15	0.08±0.02	2.44±0.49	51.20±14.04	20.20±5.29	28.60±9.45	Argila arenosa

Legenda: Loc; Localização, OC; Carbono orgânico, N; Azoto, P; Fósforo, Os valores são expressos como Média± Desvio padrão

Tabela 2: Catiões permutáveis médios dos solos

Localização do solo	Ca	Mg	K cmol+/kg	Na	ECEC
Albasu	1.92±0.57	0.34±0.04	0.19±0.03	0.18±0.00	2.63±0.61
Bichi	1.27±0.83	0.28±0.06	0.23±0.03	0.18±0.00	1.95±0.90
Garko	1.65±0.81	0.31±0.03	0.22±0.03	0.18±0.00	2.35±0.86
Gaya	1.68±0.46	0.33±0.02	0.26±0.03	0.17±0.00	2.44±0.45
Giwa	1.92±0.49	0.34±0.07	0.19±0.02	0.18±0.00	2.63±0.44
Soba	1.65±0.43	0.31±0.02	0.22±0.02	0.18±0.00	2.35±0.52
Z/kataf	1.48±0.24	0.33±0.02	0.27±0.04	0.18±0.00	2.25±0.48

Legenda: ECEC: capacidade efectiva de troca de catiões, Valores expressos em; Média± Desvio padrão

Tabela 3: Número médio de nódulos por solo.

Solo Localização	**Número de nódulos**		
	Rizobina Solo inoculado	**N2 Solo inoculado**	**Controlo (solo não inoculado)**
Albasu	3.42 a	2.08 a	2.25 a
Bichi	6.42 a	0.33 a	3.42 a
Garko	11.75 a	2.08 a	1.09 a
Gaya	7.92 a	3.25 a	0.00 a
Giwa	11.83 a	4.58 a	4.25 a
Soba	10.58 a	5.48 a	4.08 a
Z/kataf	16.00 a	2.88 a	3.88 a
LSD	12.09	4.3 8	5.28

P < 0,05, Médias com a mesma letra não são significativamente diferentes pela separação de Waller.

O resultado da altura dos grãos de soja por tratamento mostrou que a altura média às duas semanas varia entre 13,78 cm nos grãos de soja inoculados com rizobina e 14,67 cm nos grãos de soja inoculados com nitrogénio. Às quatro semanas, a altura média variava entre 37,08 cm nos grãos de soja inoculados com rizobina e 41,08 cm nos grãos de soja inoculados com azoto. Às oito semanas, a altura média variava entre 44,47 cm na soja inoculada com rizobina e 50,92 cm na soja inoculada com nitrogénio (Quadro 4).

O resultado do peso seco médio dos rebentos da soja por solo mostrou que, nos solos inoculados com rizobina, o peso seco dos rebentos varia entre 1,12 g em Garko e 1,17 g em Soba. No solo inoculado com azoto, 1,04 g em Albasu a 1,89 g em Soba. No controlo, o peso seco dos rebentos varia entre 1,06 g em

Albasu e 2,42 g em Soba (Quadro 5).

O resultado do peso seco médio da raiz da soja por solo mostrou que nos solos inoculados com rizobina o peso seco da raiz varia entre 0,93g em Bichi e 1,88g em Z/kataf. Nos solos inoculados com azoto, 2,79 g em Garko a 3,11 g em Gaya e Soba. No controlo, o peso seco médio da raiz variou entre 0,23 g em Bichi e 1,09 g em Giwa (Quadro 6).

O resultado do número médio de nódulos, pesos secos de rebentos e raízes, e valor spad (teor de clorofila) da soja por tratamento mostrou que o número de nódulos variou entre 2,67 no controlo e 9,39 na soja inoculada com rizobina. O peso seco do rebento variou entre 1,46 g na soja inoculada com rizobina e 1,50 g no controlo. O peso seco da raiz variou entre 0,58 g no controlo e 2,98 g na soja inoculada com azoto. O valor spad às quatro semanas variou entre 28,63 no controlo e 31,31 no solo inoculado com azoto. Às oito semanas, o valor spad variou entre 27,83 g no controlo e 31,03 na soja inoculada com azoto (Quadro 7).

Quadro 4: Altura média dos grãos de soja por tratamento às duas, quatro e oito semanas.

Tratamento	2 semanas	Altura (cm) 4 semanas	8 semanas
Inoculação com rizobina	13.78 a	37.08 a	44.47 a
Inoculação com azoto	14.67 a	41.08 a	50.92 a
Controlo (não inoculado)	13.95 a	39.44 a	47.91 a
LSD	1.62	4.81	6.63

P < 0,05, médias com a mesma letra não são significativamente diferentes pela separação de Waller

Legenda: LSD; diferença menos significativa.

Tabela 5: Peso seco médio dos rebentos de soja por solo.

Peso seco do rebento (g)

Localização do solo	Rizobina inoculada	Inoculação com azoto	Controlo (não inoculado)
Albasu	1.15 a	1.04 b	1.06 c
Bichi	1.42 a	1,39 ab	1.20 a.C.
Garko	1.12 a	1.17 ab	0.86 c
Gaya	1.65 a	1,77 ab	1.72 b

Giwa	1.68 a	1,63 ab	1,81 ab
Soba	1.73 a	1.89 a	2.42 a
Z/kataf	1.49 a	1,46 ab	1,35 a.C.
LSD	0.84	0.66	0.69

P < 0,05, médias com a mesma letra não são significativamente diferentes pela separação de Waller

Legenda: LSD; diferença menos significativa.

Tabela 6: Pesos médios de raízes secas de soja por solos.

		Raiz seca Peso (g)	
Solo Localizaç	**Rizobina Inoculado**	**Nitrogénio Inoculado**	**Controlo (não inoculado)**
Albasu	1.51 a	2.87 a	0.43 b
Bichi	0.93 a	2.92 a	0.23 b
Garko	1.41 a	2.79 a	0,53 ab
Gaya	1.48 a	3.11 a	0,67 ab
Giwa	1.48 a	3.09 a	1.09 a
Soba	1.24 a	3.11 a	0.37 b
Z/kataf	1.88 a	2.94 a	0,81 ab
LSD	0.81	0.57	0.57

P < 0,05, médias com a mesma letra não são significativamente diferentes pela separação de Waller

Legenda: LSD; diferença menos significativa.

Tabela 7: Número médio de nódulos, peso seco de brotos e raízes e valores de Spad da soja por tratamento em quatro e oito semanas.

Tratamento	Número de nódulos	Peso seco do rebento (g)	Peso seco da raiz (g)	Spad4	Spad8
Rizobina Inoculado	9.39a	1.46a	1.39b	29.59b	29.73b
Nitrogénio inoculado	2.96b	1.48a	2.98a	31.31a	31.03 a
Controlo (não inoculado)	2.67b	1.50a	0.58c	28.63b	27.83 c
LSD	3.17	0. 27	0.51	1.33	1.27

P < 0,05, médias com a mesma letra não são significativamente diferentes pela separação de Waller.

Legenda: Spad4; valores Spad às quatro semanas, Spad8; valores Spad às oito semanas.

Capítulo 5

5.0 DISCUSSÃO, CONCLUSÃO E RECOMENDAÇÕES

5.1 Discussão

O resultado mostrou que o pH dos solos amostrados em Albasu, Bichi, Garko e Gaya é moderadamente ácido e o de Giwa e Soba é fortemente ácido, enquanto o de Zangon Kataf é muito fortemente ácido. O teor de carbono orgânico e de azoto dos solos amostrados na savana do norte da Guiné (Giwa, Soba, Z/kataf) foi mais elevado do que o dos solos amostrados na savana do Sudão (Albasu, Bichi, Garko, Gaya), pelo que os solos amostrados na savana do norte da Guiné têm um teor de matéria orgânica e de azoto mais elevado do que os solos da savana do Sudão. O teor de Olsen P de todos os solos amostrados foi considerado baixo de acordo com a classificação de fertilidade do solo de Esu (1991).

O resultado da classe textural dos solos amostrados na savana do Sudão foi franco-arenoso e o da savana da Guiné Setentrional foi franco-argiloso, o que indica que o solo amostrado na savana da Guiné Setentrional tem uma textura mais fina, elevado teor de argila, elevada retenção de nutrientes e água nos solos do que o solo amostrado na savana do Sudão. Os catiões permutáveis de todos os solos amostrados tanto na savana do Sudão (Albasu, Bichi, Garko e Gaya) como na savana da Guiné Setentrional (Giwa, Soba e Z/kataf) estavam dentro do mesmo intervalo. Em todos os solos amostrados, a concentração de Ca é baixa e a de Mg, K e Na é média, de acordo com a classificação de fertilidade do solo de Esu (1991). Os elevados teores de azoto e de carbono orgânico dos solos amostrados em Soba, Giwa e Z/kataf podem dever-se às classes texturais dos solos. Os solos com elevado teor de argila têm uma textura mais fina e, consequentemente, uma maior capacidade de retenção de água e nutrientes.

A partir dos resultados obtidos, não houve diferença significativa ($P < 0,05$) no número de nódulos de soja por solo. Isso pode ser devido ao fato de que o número e o tamanho dos nódulos não têm efeito sobre a eficiência dos rizóbios no solo. Além disso, os solos com um número reduzido e um tamanho mais pequeno de nódulos podem conter rizóbios activos e eficientes do que os solos com um número mais elevado e nódulos maiores. No entanto, Abdul Jabbar e Saud (2012) relataram que a aplicação de fósforo e a inoculação bacteriana aumentaram o número de nódulos e outros parâmetros da planta. Hoque e Haq (1994) também relataram os mesmos resultados quando trataram várias leguminosas com Rhizobium e fósforo e encontraram um aumento no número de nódulos e caraterísticas de crescimento máximo com inoculação e aplicação de fósforo. Gwata *et al.* (2004) mostraram que o genótipo promíscuo da soja produziu nódulos pesados 27

matéria seca do que os não promíscuos. Outros trabalhadores (Ndakidemi *et al.*, 1998) registaram uma melhoria significativa do rendimento do feijão comum em tratamentos não inoculados após a suplementação com fósforo, atribuindo-a à presença de *rizóbios* indígenas eficientes no solo.

O solo amostrado em Soba produziu o maior peso seco de rebentos, seguido pelo solo amostrado em Giwa. Seguiu-se o solo amostrado em Gaya. Não houve diferença significativa *(P* < 0,05) entre os solos amostrados em Bichi e Z/kataf. No entanto, os solos amostrados em Albasu e Garko produziram os menores pesos secos de rebentos e não houve diferença significativa entre as duas amostras de solo no solo inoculado com rizobina. A diferença pode dever-se ao resultado da análise do solo, que mostrou que os solos amostrados em Soba e Giwa têm um elevado teor de carbono orgânico, um teor de azoto mais elevado e uma textura mais fina do que as restantes amostras de solo. O solo amostrado em Gaya tem um teor de Olsen P mais elevado do que todos os solos, e os solos amostrados em Soba e Giwa têm um teor de azoto mais elevado do que os solos amostrados na savana do Sudão. Os solos amostrados em Garko e Albasu têm o menor teor de carbono orgânico. Esta constatação contradiz o trabalho de Bekere *et al.* (2012), que relatou que a inoculação e o nível de fósforo operaram independentemente na matéria seca de rebentos por planta da soja. As sementes de soja inoculadas produziram significativamente mais matéria seca de rebentos por planta do que as não inoculadas. De acordo com Abdul Jabbar e Saud (2012), a diferença no aumento do peso seco da planta entre os tratamentos inoculados e não inoculados foi significativa (*P*<*0*,01).As interações entre a inoculação bacteriana e os diferentes níveis de fósforo tiveram um efeito óbvio no aumento do peso da matéria seca, enquanto que a interação entre a inoculação bacteriana e 120 kg de P/ha mostrou a maior quantidade 45,75 g/planta seguida de 36,54, 38,29 e 38,83g/planta respetivamente para a fertilização com fósforo 0, 40 e 80 kg de P/ha.

O solo amostrado em Giwa produziu grãos de soja com o maior peso seco da raiz, seguido pelo solo amostrado em Z/kataf, Gaya e Garko. Isso apoia a descoberta de (Bekere *et. al.*, 2012) que relatou que ambos os fatores influenciaram significativamente (*P* <0,05) a matéria seca da raiz da soja. A este respeito, as sementes de soja inoculadas deram uma matéria seca de raiz significativamente maior do que as não inoculadas. Os solos amostrados em Albasu, Bichi e Soba produziram sementes de soja com o menor peso seco de raiz e não houve diferença significativa (*P* < 0,05) entre os três solos no tratamento de controlo. Nos tratamentos inoculados com rizobina e nitrogênio, não houve diferença significativa (*P* < 0,05) entre todas as amostras de solo nos pesos secos de raiz. Isto pode ser devido ao facto de a inoculação não ter influenciado significativamente o peso seco da raiz da planta. No entanto, Abdul jabbar e Saud (2012) em seu trabalho relataram que os 28
O efeito da inoculação bacteriana e do fósforo no peso seco da raiz foi óbvio, uma vez que o peso seco da raiz aumentou significativamente com a inoculação bacteriana (*P*<*0*,01), em comparação com a inoculação não bacteriana.

Nos três tratamentos (rizobina, nitrogénio e controlo) não houve diferença significativa *(P* < 0,05) na altura dos grãos de soja às duas, quatro e oito semanas. Isso significa que a altura dos grãos de soja não foi influenciada pela inoculação de rizóbios. Isso apoia a descoberta de (Bekere *et al.,* 2012) que relatou que a inoculação não influenciou significativamente a altura da soja quando o fósforo não foi aplicado. No entanto, a inoculação resultou em grãos de soja significativamente (*P* <0,05) mais altos do que o controlo não inoculado quando foram aplicados 60,120 e 180 mg P kg^{-1} . No entanto, Abdul jabbar e Saud (2012) relataram que a altura da planta no tratamento inoculado aumenta significativamente, em comparação com os tratamentos não inoculados em (*P* <*0*,01). O aumento dos níveis de fósforo melhorou a altura da planta, e as plantas mais altas foram a 120 kg de P/ha, o que deu 12,25 cm /planta em comparação com 0, 40, 80 kg de P/ha.

Em termos de número de nódulos em todos os tratamentos, o número de nódulos das sementes de soja inoculadas com inoculantes de rizobina foi o mais elevado, seguido das sementes de soja inoculadas com nitrogénio e do controlo. No entanto, estatisticamente não houve diferença significativa ($P < 0,05$) entre os números médios de nódulos da soja tratada com nitrogênio e o controle. Isso significa que o tratamento com nitrogênio não tem efeito sobre o número de nódulos. Esta descoberta contradiz o trabalho de Bekere *et al.* (2012) que relatou que os nódulos não foram observados no tratamento não inoculado. O nível de fósforo afetou significativamente ($P < 0,05$) o número de nódulos por planta. No entanto, (Chowdhury *et al,* 1983; Peoples *et al.*, 1995; Ndakidemi *et al,* 1998 e 2006; Teymur *et al.,* 2012; Gicharu *et al.,* 2013) relataram o aumento significativo no rendimento de grãos, número de nódulos e peso fresco de nódulos em leguminosas após a inoculação com rizóbio. No entanto, neste estudo foram observados nódulos nos tratamentos de controlo, o que indicou que existiam rizóbios nativos nos solos que nodularam a soja. Isto significa que os grãos de soja eram uma variedade promíscua que pode ser nodulada por qualquer rizóbio indígena no solo.

De acordo com Abdul Jabbar e Saud (2012), a aplicação de fósforo com inoculação bacteriana aumentou o número de nódulos e outros parâmetros da planta. Hoque e Haq (1994) também relataram os mesmos resultados quando trataram várias leguminosas com Rhizobium e fósforo e encontraram um aumento no número de nódulos e caraterísticas de crescimento máximo com inoculação e fósforo. Gwata *et al.* (2004) mostraram que o genótipo promíscuo da soja produziu nódulos pesados 29
matéria seca do que os não promíscuos. Outros trabalhadores (Ndakidemi *et al.* 1998) relataram uma melhoria significativa dos rendimentos do feijão comum em tratamentos não inoculados após a suplementação de fósforo, e atribuíram-no à presença de rizóbios indígenas eficientes no solo. De acordo com (Nyoki *et al,* 2013), a inoculação de feijão-frade com *Bradyrhizobium japonicum* e a suplementação com fósforo resultaram num aumento do número de nódulos, do rendimento de grãos e dos componentes do rendimento. A melhoria significativa dos componentes do rendimento nos tratamentos inoculados com rizóbios é uma indicação de que a estirpe *de B. japonicum* utilizada neste estudo foi eficiente na

fixação do azoto e forneceu ao feijão-frade o mesmo azoto que o fertilizante azotado forneceria, o que resultou numa melhoria do rendimento e dos componentes do rendimento em relação ao controlo. Por conseguinte, a maior nodulação resultou numa maior fixação de azoto e, em última análise, no rendimento e nos componentes do rendimento do feijão-frade.

De acordo com Bagyaraj *et al.* (1979), não houve qualquer nodulação nas plantas de controlo não inoculadas e nas plantas inoculadas apenas com a micorriza. As plantas tratadas com *Rhizobium* nodularam bem. O número, o tamanho, o peso seco e o teor de azoto dos nódulos nas plantas inoculadas com micorriza e *Rhizobium* foram significativamente superiores aos das plantas inoculadas apenas com *Rhizobium*, 60 dias após a inoculação, mas não 45 dias após a inoculação.

Entre os tratamentos, não houve diferença significativa entre os pesos secos médios dos rebentos dos grãos de soja. Isto pode ser devido ao baixo nível de fósforo nos solos utilizados nesta investigação. Um baixo nível de fósforo pode afetar o peso seco dos rebentos da planta. Esta constatação opõe-se ao trabalho de (Bekere *et al.,* 2012), que relatou que a inoculação e o nível de fósforo funcionaram de forma independente na matéria seca de rebentos por planta da soja. Os grãos de soja inoculados produziram significativamente mais matéria seca de rebentos por planta do que os não inoculados. De acordo com Abdul Jabbar e Saud (2012), a diferença no aumento do peso seco da planta entre os tratamentos inoculados e não inoculados foi significativa ($P<0,01$). As interações entre a inoculação bacteriana e os diferentes níveis de fósforo tiveram um efeito óbvio no aumento do peso da matéria seca, enquanto que a interação entre a inoculação bacteriana e 120 kg de P /ha mostrou a maior quantidade 45,75 g /planta seguido de 36,54, 38,29 e 38,83 g /planta, respetivamente, para a fertilização P 0, 40 e 80 kg de P /ha.

A soja inoculada com nitrogênio tem o maior valor médio de peso seco de raiz, seguida por aquelas inoculadas com inoculantes de rizobina. O controlo tem o valor médio mais baixo. Isto significa que a inoculação influencia significativamente a matéria seca da raiz do 30 planta. Isso apoia a descoberta de (Bekere *et al.*, 2012) que relatou que a inoculação e o nível de fósforo influenciaram significativamente (p <0,05) a matéria seca da raiz da soja. Nesse sentido, a soja inoculada produziu uma matéria seca de raiz significativamente maior do que a não inoculada. Os três níveis de fósforo (60, 120 e 180 mg kg^{-1}) aumentaram significativamente a matéria seca da raiz em relação ao controlo. De acordo com Abdul jabbar e Saud (2012), o efeito da inoculação bacteriana e do fósforo no peso seco da raiz foi óbvio, pois o peso seco da raiz aumentou significativamente sob inoculação bacteriana ($P<0,01$), em comparação com a inoculação não bacteriana. O peso seco da raiz sob inoculação bacteriana foi de 20,55 g /planta, enquanto que no controlo foi de 10,18 g /planta.

Os valores médios de spad dos grãos de soja em todos os tratamentos mostraram que, à quarta semana, os grãos de soja inoculados com azoto têm o valor médio de spad mais elevado, seguido dos grãos de soja inoculados com inoculantes de rizobina e do controlo. No entanto, não houve diferença significativa entre os inoculados com inoculantes de rizobina e o controlo às quatro semanas. Isto pode dever-se ao facto de o inoculante às quatro semanas não produzir nódulos que possam conter rizóbios activos para contribuir para a fixação biológica do azoto. Portanto, o desempenho da soja na quarta semana pode não ser melhorado. De acordo com Bagyaraj *et. al.* (1979), não houve qualquer nodulação nas plantas de controlo não inoculadas e nas plantas inoculadas apenas com a micorriza e as plantas tratadas com *Rhizobium* nodularam bem. O número, tamanho, peso seco e teor de azoto dos nódulos nas plantas inoculadas com micorriza mais *Rhizobium* foram significativamente superiores aos das plantas inoculadas apenas com *Rhizobium*, 60 dias após a inoculação, mas não aos 45 dias após a inoculação. Às oito semanas, os grãos de soja inoculados com azoto têm o valor médio mais elevado de spad, seguidos pelos inoculados com inoculantes de rizobina e o controlo tem o valor médio de spad mais baixo. Isto pode dever-se ao facto de, à oitava semana, se terem formado os nódulos e os rizóbios terem começado a fixar o azoto atmosférico para aumentar a fixação biológica do azoto. Por conseguinte, na oitava semana, registou-se um elevado número de nódulos e um elevado teor de clorofila na planta do que na quarta semana. De acordo com Bagyaraj *et al.* (1979): Não houve qualquer nodulação nas plantas de controlo não inoculadas e nas plantas inoculadas apenas com a micorriza e as plantas tratadas com *Rhizobium* nodularam bem.

5.2 Conclusão

A partir dos resultados obtidos neste estudo, a inoculação do rizobino (inoculante) e o azoto influenciam o crescimento dos grãos de soja. O teor de clorofila (valores spad) das sementes de soja inoculadas com azoto foi o mais elevado, seguido das inoculadas com rizobina. Os solos inoculados com inoculantes de rizobina produziram sementes de soja com o maior número de nódulos, seguidos pelos solos inoculados com azoto e o controlo tem o menor número médio de nódulos. O resultado também indicou que o peso seco da raiz e o conteúdo de clorofila dos grãos de soja inoculados com azoto e inoculantes são superiores aos não inoculados (controlo).

5.3 Recomendações

Com base nos resultados obtidos nesta investigação, são feitas as seguintes recomendações:

i. É necessário produzir inoculantes utilizando os nossos rizóbios indígenas, a fim de evitar a produção de inoculantes que sejam menos eficazes nas nossas explorações agrícolas.

ii. Os agricultores devem ser encorajados a utilizar inoculantes para aumentar a sua produção agrícola.

iii. É necessário que o Governo esclareça o público sobre os benefícios da utilização de inoculantes e os efeitos dos fertilizantes químicos nas nossas terras.

iv. Devem ser efectuados mais estudos para comparar os benefícios da utilização de inoculantes em relação à utilização de fertilizantes químicos.

REFERÊNCIAS

Abdul Jabbar, B. K., e Saud, H. M. (2012). Efeito do Fósforo na Fixação Biológica de Nitrogénio na Soja sob Irrigação com Água Salina. *Jornal global de pesquisa de fronteira científica. Agricultura e Biologia,* **12**: 64-72

Amanuel, G., Kuhne, R.F., Tanner, D. G. e Vlek, P. L. G. (2000). Biological Nitrogen Fixation in faba bean *(Vicia faba* L.) in the Ethiopian highlands as affected by P. Fertilization and Inoculation. *Biology and Fertility of Soil Journal,* **32:** 553-559.

Angelini, J., Castro, S. e Fabra, A. (2003). Alterações na colonização radicular e na indução do gene nodC e na interação amendoim-rizóbio em condições ácidas. *Fisiologia e Bioquímica Vegetal,* **41**: 289-294.

Antoun, H. C., Beauchamp, J. Houssard, N. Chabat R. e Loland, M. (1998). Potencial de espécies de *Rhizobium* e *Bradyrhizobium* como rizobactérias promotoras do crescimento de plantas em não leguminosas: Efeito no rabanete *(Rophanous sativus,* L.). *Planta e Solo,* **204**: 762-767.

Bala, A., Abaidoo, R. e Woomer, P. (2010). Protocolo de Isolamento e Caracterização de Estirpes de Rhizobia, www.N2Africa.org, 16 pp.

Bagyaraj, D. J., Mansnath, A. e Patil, R. B. (1979). Interação entre A vesicular arbuscular Mycorriza e Rhizobium e os seus efeitos na soja no campo. *New Phytologist,* **82**: 141-145.

Balasundaran, M., (1996). Key Issues in Mycorrhizae and Nitrogen fixing symbionts research, Instituto de Investigação Florestal de Kerala, Peechi, Trichur 680653, Índia.

Bekere, W., Wolde-meskel, E. e Kebede T. (2012). Resposta de crescimento e nodulação da soja (Glycine max L.) à inoculação de Bradyrhizobium e níveis de fósforo sob condições controladas no sudoeste da Etiópia. *Jornal Africano de Investigação Agrícola,* 7(30): 4266-4270.

Brockwell, J., Bottomley, P. J. e Thies, J. E. (1995). Manipulação da microflora de rizóbios para melhorar a produtividade das leguminosas e a fertilidade do solo: uma avaliação crítica. *Plant Soil Journal,* **174**:143-180.

Burris, R. H. e Roberts, G. P. (1993). Biological nitrogen fixation. *Annual Review of Nutrition.* **13**:317-335.

Burris, R. H. (1976). Fixação de nitrogénio. In: *Plant Biochemistry,* Academic Press, New York, Pp: 887-908.

Chowdhury, M. S., Msumali, G. P. e Malekela, G. P. (1983). Need for seasonal inoculation of soybean with rhizobia at Morogoro, Tanzania. *Biological, Agricultural and Horticulture Journal,* **1**: 219-228.

Dugje, I. Y., Omuigui, L. O., Ekeleme, F., Bandy apadhyay, R., Kumar, P. L. e Kamara, A. Y. (2009). Farmers Guide to Soybean Production in Northern Nigeria (Guia do Agricultor para a Produção de Soja no Norte da Nigéria). Instituto Internacional de Agricultura Tropical, IITA Ibadan, Nigéria. Pp22.

Denison, R. F., Sinclair, T. R., Zobel, R. W., Johnson, M. N. e Drake, G. M. (1983). A non-destructive field assay for soybean nitrogen fixation by acetylene reduction. *Plant Soil,* **70**: 173-182.

Esu, I. E. (1991). Levantamento detalhado do solo da Fazenda NIHORT, Bunkure, Estado de Kano, Nigéria. Instituto de Investigação Agrícola, Universidade Amadu Bello de Zaria, Nigéria. 72pp.

Flaskerud, G. (2003). Produção e impacto da soja no Brasil. Universidade Estadual de Dakota do Norte, Serviço de Extensão, Fargo, Dakota do Norte. Disponível em: http:// www.ag.ndsu.nodak.edu. Recuperado em abril de 2014.

Gibson, A. (1995). Manual do workshop de formação sobre técnicas de Rhizobium. Guangdong- china: Workshop internacional sobre técnicas de Rhizobium.

Gicharu, G. K., Gitonga, N. M., Boga, H., Cheruiyot, R. C. e Maingi, J. M. (2013). "Efeito da inoculação de cultivares selecionadas de feijão trepador com diferentes rizóbios 34

estirpes na fixação de azoto. *International Journal of Microbiology*

Research, **1**(2): 25-31.

Giraud, E., Jourand, P., Garcia, N., Willems, A., De Lajudie, P. Y., Prin, Y., Neyra, M., Gillis M., Boivin-Masson, C. e Dreyfus, B. (2001). As bactérias *Methylobacterium metilotróficas* nodulam e fixam azoto em simbiose com leguminosas. *The Journal of Bacteriology,* **183**: 214-220.

Graham, P. H. e Vance, C. P. (2000). Nitrogen fixation in perspective: an overview of research and extension needs. *Field Crops Research,* **65**:93-106.

Graham, P. H. e Vance, C. P. (2003). Leguminosas: Importance and Constraints to Greater use. *Plant Physiology,* **131**(3): 872-877, ISSN: 0032-0889

Gwata, E. T., Wofford, D. S., Boote, K. J. e Mushoriwa, H. (2003). Determinação da nodulação efectiva em plantas juvenis precoces de soja para estudos genéticos e biotecnológicos. *Jornal Africano de Biotecnologia,* **2**(11): 417-420.

Gwata, E. T., Wofford D. S., Pfahler, P. L. e Boote, K. J. (2004). Genetics of promiscuous nodulation in soybean: nodule dry weight and leaf color score. *Journal of Heredity,* **95**(2):154-157.

Hoque, M. e Haq, M. F. (1994). Inoculação rizobial e fertilização de lentilhas no Bangladesh. *Lens Newsletter,* **21**(2): 29- 30.

Hungria, M. e Bohrer, T. R. J. (2000). Variabilidade da nodulação e da capacidade de fixação de dinitrogénio entre cultivares de soja. *Biology and Fertility of Soils,* **31:** 45- 52.

Jan, A., Khan, N., Khan, I. A. e Khattak, B. (2002). Composição química da canola afetada pelo azoto e pelo enxofre. *Asian Journal of Plant Science,* **1**: 519-521

Kanwar, J. S. e Mudahar, M. S. (1985). Fertilizer sulphur and food production -

research and policy implications for tropical countries. *Fertility News,* **30**: 3754

Martinez-Romero, E. (2003). Diversidade da simbiose *Rhizobium-Phaseolus vulgaris*: visão geral e perspectivas. *Solo vegetal,* **252**:11-23.

Mishra, B. K. e Dadhich, S. K. (2010). Metodologia de Produção de Biofertilizante Nitrogenado. *Journal of Advance Developmental Research,* **1**(1): 3-6.

Moulin, L., Munive, A., Dreyfus, B. e Biovin-Masson, C. (2001). Nodulação de leguminosas por membros da subclasse beta arrojada de Proteobacteria. *Nature,* **411**: 948-950.

Ndakidemi, P., Dakora, F., Nkonya, E., Ringo, D. e Mansoor, H. (2006). Rendimento e benefícios económicos da inoculação de feijão comum *(Phaseolus vulgaris)* e soja *(Glycine max*) no norte da Tanzânia. *Australian Journal of Experimental Agriculture,* **46**:571-577.

Ndakidemi, P. A, Nyaky, A. S, Mkuchu, M. e Woomer, P. L. (1998). Fertilização e inoculação de *Phaseolus vulgaris* em Arusha, Tanzânia. Em 'Proceedings of the 8th congress of the African Association for Biological Nitrogen Fixation'. (Ed. Dakora FD) (Universidade da Cidade do Cabo: Cidade do Cabo). Pp. 166-167.

Nyoki, D. e Ndakidemi, P. A. (2013). Benefícios económicos da inoculação *de Bradyrhizobium japonicum* e da suplementação de fósforo no feijão-frade (*Vigna unguiculata* (L) Walp) cultivado no norte da Tanzânia. *American Journal of Research Communication,* **1**(11): 173-189.

Okon, Y. e Lanabdera, C. A. (1994). Agronomic application of *Azospirillum*: an evalution of 20 years worldwide field inoculation. *Soil Biology and Biochemistry Journal,* **26**(12): 1591-1601.

Olivera, M., Tejera, N., Iribarne, C., Ocana, A. e Lluch, C. (2004). Crescimento, fixação de azoto e assimilação de amónio no feijão comum (*Phaseolus vulgaris*): efeito do fósforo. *Fisiologia Vegetal,* **121**: 498-505

Peoples, M. B., Herridge, D. F. e Lahda, J. K. (1995). Biological nitrogen fixation: an efficient source of nitrogen for sustainable agricultural production. *Plant Soil,* **174**:3-28.

Peoples, M. B., Mosier, A. R. e Freney, J. R. (1994). Minimização das perdas gasosas de azoto. In: *Nitrogen Fertilization and the Environment.* Pp 562-602, Bacon, P.E., Ed., Marcel Dekker, Inc., Nova Iorque.

Pulver E. L, Bockman F. e Wien, H. C. (1982). Nodulação de cultivares de soja com *Rhizobium* spp. e sua resposta à inoculação com *R. japonicum. Crop Science Journal,* **22**:1065-1070.

Ragab, A. A., Abotaleb, H. H. e Nadia, M. A. G. (2006). Resposta das plantas de tremoço à inoculação com *Bradyrhizobium* sp. (lupinus) combinada com rizobactérias promotoras do crescimento das plantas (PGPR) em condições de solo recentemente recuperado. Jornal de Ciências Agrícolas, Universidade de Mansoura, **31**(7): 4613-4622. *Rhizobium* Technology. Springer-Verlag, Nova Iorque, Inc, 450 pp

Robson, A. D. (1990). O papel das pastagens auto-regeneradoras em rotação com cereais nas zonas mediterrânicas. In: *The Role of Legumes in the Farming Systems of the Mediterranean Areas,* pp. 217-236.

Sanginga N., Thottappilly, G. e Dashiell, K. (2000). Eficácia dos rizóbios que nodulam as recentes selecções promíscuas de soja na savana húmida da Nigéria. *Soil Biology and Biochemistry Journal,* **32**: 127-133.

Scherer, H. W., Pacyna, S., Spoth, K. e Schulz, M. (2008). Baixos níveis de ferredoxina, ATP e leghemoglobina contribuem para a fixação limitada de N2 em ervilhas *(Pisum sativum* L.) e alfafa *(Medicago sativa* L.) em condições de deficiência de S. *Biology and Fertility of Soils Journal,* **44**:

909-916

Schneider, M. e De Brujin, F. J. (1996): Rep-PCR mediated genomic fingerprinting of rhizobia and computer assisted phylogenetic patterns analysis. *World Journal of Microbiology and Biotechnology,* **12**, 163-174.

Singleton, P. W., Saroso, S., Hilton, B. e Boonkerd, N. (2014). Introdução a *Rhizobia.* Dados não publicados, disponíveis em www.google.com. Recuperado em abril de 2014.

Sikora, S., Dedzepovic, S. e Bradic, M. (2002). Impressão digital genómica de isolados *de Brady rhizobium japonicum* por RAPD e rep-PCR. *Microbiology Research Journal,* **157**: 213-219.

Sinclair T. R., Soffes A. R., Hinson K., Albrecht S. L. e Pfahler, P. L. (1991). Variação genotípica no número e peso de nódulos de soja. *Crop Science Journal,* **31**:301-304.

Somasegaran P. e Boben H. J. (1994). General microbiology of rhizobia In: Handbook for rhizobia methods in legume-rhizobium technology. SpringerVerlag, Berlim. Pp 1-77.

Somasegaran P. e Hoben H. J. (1985). *Methods in legume-Rhizobium technology.* Instituto de Agricultura Tropical e Recursos Humanos do Hawaii. Pp 23-550.

Teymur K. B, Raouf, S. S., Mohammad, S. e Ali, N. (2012). Efeitos da densidade da planta, inoculação de *Rhizobium* e microelementos na nodulação, teor de clorofila e rendimento do grão-de-bico *(Cicer arietinum* L.). *Anais da Investigação Biológica,* **3** (2):951-958.

Wei, G. H., Wang, R. T., Tan, Z.Y., Zhu, M.E. e Chen, W.X. (2002). *Rhizobium indigoferae* sp. nov. e *Sinorhizobium kummerowiae* sp. nov. respetivamente isolados de *Indigofera* spp. e *Kummerowia stipulacea.*

International Journal of Systematic Evolution Microbiology, **52**: 2231-2239.

Wikipédia, a enciclopédia livre, consultada em abril de 2014.

Willems, A. (2006). The taxonomy of rhizobia: an overview. *Plant Soil Journal,* **287**: 3-14.

Platel: Placa de ágar com plântulas germinadas

Placa 2: Transplante de plântulas para a contagem de rizóbios no solo

Placa 3: Inoculação dos solos.

Placa 4: Rega das plantas na casa das telas

Placa 5: sementes de soja plantadas em solos de diferentes locais na oitava semana.

Placa 6: Medição da altura da planta

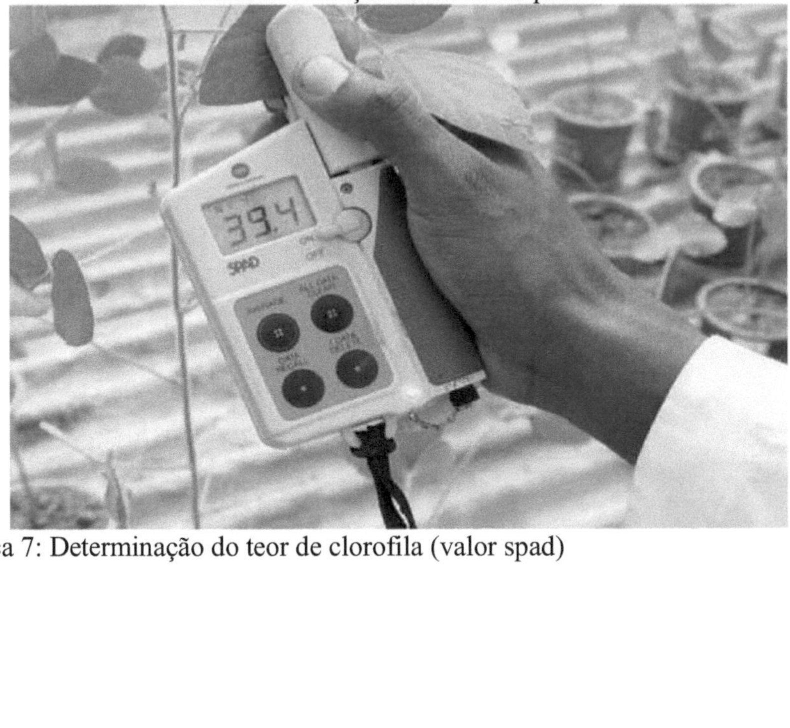

Placa 7: Determinação do teor de clorofila (valor spad)

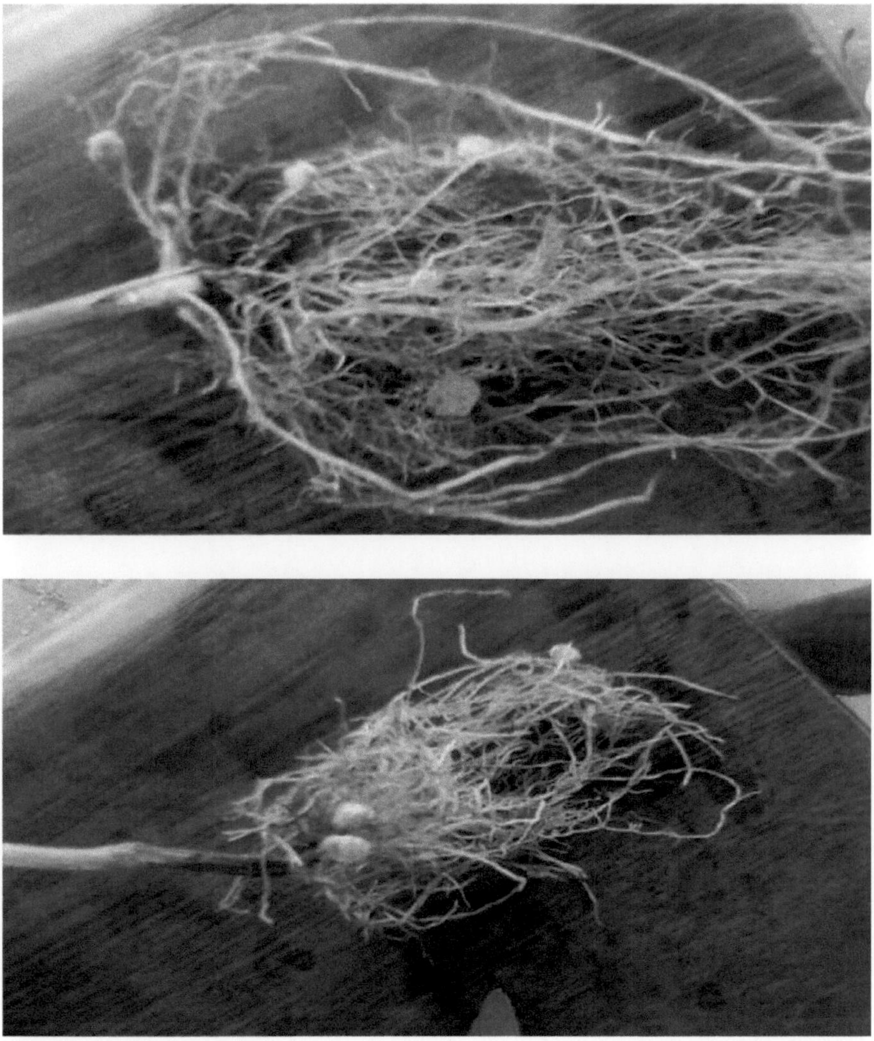

Placa 8: Alguns dos nódulos recolhidos dos grãos de soja plantados em solos de diferentes locais (A e B)

More Books!
yes

MIX
Papier aus verantwortungsvollen Quellen
Paper from responsible sources
FSC® C105338

FSC
www.fsc.org

Printed by Books on Demand GmbH, Norderstedt / Germany